ABHANDLUNGEN DER DEUTSCHEN AKADEMIE
DER WISSENSCHAFTEN ZU BERLIN

*Klasse für Mathematik, Physik und Technik*

*Jahrgang 1964 Nr. 3*

*HERMANN SCHULZE*

# ENERGIEÜBERTRAGUNG MIT HOCHGESPANNTEM GLEICHSTROM

Mit 16 Abbildungen

AKADEMIE-VERLAG · BERLIN
1964

**Vorgelegt von Hrn. Obenaus in der Klassensitzung vom 16. Januar 1964**

**Zum Druck genehmigt am gleichen Tage, ausgegeben am 10. Juni 1964**

Erschienen im Akademie-Verlag GmbH, Berlin W 8, Leipziger Straße 3—4



Lizenznummer: 202 · 100/576/64

Gesamtherstellung: VEB Druckerei „Thomas Müntzer“ Bad Langensalza

Bestellnummer: 2001/64/I/3 · ES 20 K 4 · Preis: DM 3,80

## Inhalt

## Zur Energieübertragung mit hochgespanntem Gleichstrom

Obwohl die Übertragung sehr großer Leistungen über weite Entfernungen mit hochgespanntem Drehstrom über *Freileitungen* zur Zeit noch immer nicht die Grenze ihrer technischen Möglichkeiten erreicht hat, ist erwiesen, daß ihr gegenüber die Übertragung mit hochgespanntem Gleichstrom ab bestimmter Grenzentfernungen und zunehmend mit der Übertragungslänge technisch und auch wirtschaftlich überlegen ist. Die Höchstspannungsübertragung großer Leistungen über längere *Kabel*strecken ist technisch nur mit hochgespanntem Gleichstrom möglich.

Energieübertragungen mit hochgespanntem Gleichstrom können Konstantstromanlagen nach dem System von Thury mit Reihenschaltung der Stromerzeuger und -verbraucher oder Konstantspannungsanlagen sein. Bei Konstantstromanlagen bedingen Leistungsänderungen ein Verändern der Spannung, bei Konstantspannungsanlagen ein Verändern des Stromes. Die erste Gleichstrom-Hochspannungsübertragung der Welt war eine Konstantstromanlage, die um 1911 in Betrieb genommene französische Übertragung Moutiers-Lyon, Länge 400 km, konstanter Strom 150 A, höchste Spannung 135 kV [1]. Ihrer bekannten Vorzüge wegen ist der Gleichstromübertragung mit konstanter Spannung in der Prinzipschaltung nach Abb. 1 der Vorzug zu geben. Die folgenden Ausführungen beziehen sich deshalb ausschließlich auf Konstantspannungsanlagen.

## 1. Die technischen Vorteile der Übertragung mit hochgespanntem Gleichstrom

gegenüber der Drehstromübertragung basieren in der Hauptsache auf

1.1: dem Wegfall der Wirkungen von Induktivität und Kapazität der Übertragungsanlagen,

1.2: der besseren Ausnutzung des Isoliervermögens sowohl der Freileitungsisolatoren als auch der Kabelisolation.

**Zu 1.1.** Bei Drehstrombetrieb haben Induktivitäten und Kapazitäten der Übertragungsanlagen bei Belastung zusätzliche Spannungsabfälle und Blindleistungsverluste zur Folge, bei Schwachlast oder Leerlauf Spannungserhöhungen und große freie Ladeleistungen, bei Belastung auf Freileitungen mit ihren erheblichen Reaktanzen außerdem eine die Stabilität der Übertragung begrenzende Verdrehung der Spannungszeiger am Anfang und Ende der Übertragung (s. Abb. 2). Alle diese Erschwernisse wachsen mit der Länge der Übertragung und erfordern kostspielige Kompensationsmittel wie Ladespulen und Parallelkondensatoren oder Synchronkompensatoren und dazu noch Reihenkondensatoren. Diese Einrichtungen entfallen bei Gleichstromübertragung, und es gibt bei ihr, so groß auch die Länge der Übertragung sein mag, keine Stabilitätsprobleme.

Die großen Ladeleistungen, die Kabel bei Drehstrombetrieb mit sehr hohen Spannungen erfordern, begrenzen ihre Verwendbarkeit für die Höchstspannungsübertragung auf meist unzureichende Entfernungen, die um so kürzer sind, je höher die Betriebsspannung ist. Daraus ergeben sich für diese Kabel Grenzlängen, bei denen ihre thermische Belastbarkeit

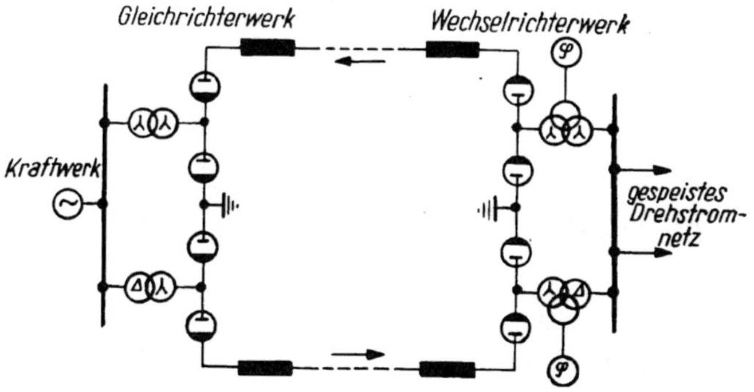


Abb. 1. Prinzipschaltung einer Gleichstromübertragung

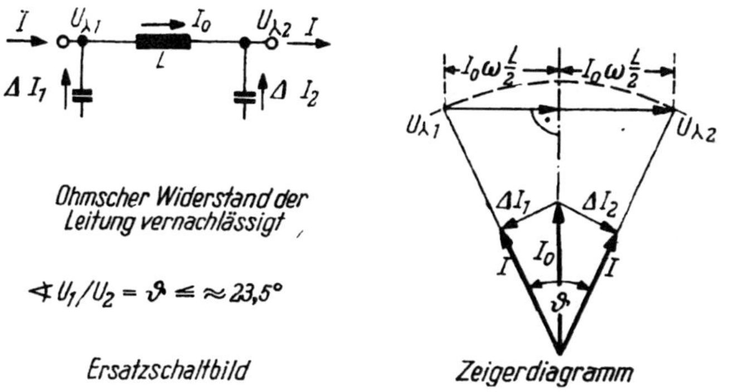


Abb. 2. Drehstrom-Höchstspannungsleitung bei Betrieb mit natürlicher Leistung

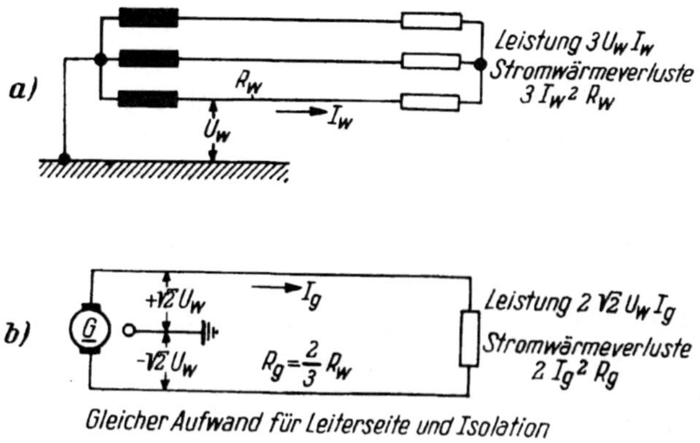


Abb. 3. Zum Vergleich der über ein Drehstromsystem a) und ein Gleichstromsystem b) übertragenen Leistungen

durch die Ladeströme erreicht wird, so daß keine Wirkleistung übertragen werden kann („Selbstauslastung“ der Kabel). Beispielsweise würde ein 380-kV-Kabel eine Ladeleistung von etwa 810 MVar je 100 km benötigen, und es müßte bei 95% ausgenützten Drehstromkabeln dieser Spannung etwa alle 32 km eine Blindstrom-Kompensationsstation eingesetzt werden. Bei Seekabelverbindungen sind solche Kompensationsstationen unter dem Meeresspiegel unmöglich und ihre Längen deshalb auf den jeweiligen Stationsabstand begrenzt. Lassen sich für längere Übertragungen großer Leistungen durch oder in sehr dicht bebaute Gebiete wegen der dort bestehenden Trassenschwierigkeiten für Freileitungen nur Kabel verwenden, so sind diese, bedingt durch die großen Ladeleistungen bei hochgespanntem Drehstrom, mit Gleichstrom zu betreiben.

Schließlich hat für den Verbundbetrieb über weite Entfernungen der Kraftwerke und Energiesysteme, die ja auch weiterhin Drehstromanlagen sein müssen, die Gleichstromübertragung noch den weiteren Vorteil, daß ihre Zwischenschaltung den Austausch großer Leistungen auch zwischen nichtsynchronisierten Kraftwerksgruppen oder Netzen ermöglicht.

**Zu 1.2:** Je nachdem, ob die Übertragung über Freileitungen oder Kabel erfolgt, wirken sich die Vorteile der besseren Ausnutzung der Isolation verschieden aus.

Die Isolation gegen Erde einer *Freileitung* muß bei Drehstrom dem Scheitelwert der Leiter/Erde-Spannung, also dem $\sqrt{2}$fachen des für die Übertragungsleistung maßgebenden Effektivwertes der Spannung gewachsen sein. Hinzu kommt, daß bei einpoligem Erdschluß im Drehstrom-Höchstspannungsnetz mit wirksamer Erdung des Sternpunktes die gesunden Leiter kurzzeitig, d. h. bis zur Abschaltung des Erdkurzschlusses, das bis zu 1,4fache der Leiter/Erde-Spannung annehmen. Dagegen kann sich bei einer Gleichstromübertragung, weil deren Mittelpunkt an Erde liegt, bei einsträngigem Erdschluß die Spannung des gesunden Leiters gegen Erde kaum erhöhen. Eine für eine bestimmte Spannung isolierte Drehstromleitung läßt sich deshalb mit einer Gleichspannung gegen Erde vom $\sqrt{2}$fachen Wert der effektiven Drehstrom-Sternspannung betreiben. Es kann somit eine Leitung mit hochgespanntem Gleichstrom bei gleichen bezogenen Stromwärmeverlusten wesentlich mehr Leistung übertragen als eine mit gleichem Aufwand an Isolation und Leiterwerkstoff gebaute Drehstrom-Höchstspannungsleitung. Setzt man für beide Übertragungssysteme gleiche Länge, gleiche Masse der Leiter, gleiche Isolation gegen Erde und gleiche bezogene Stromwärmeverluste voraus, so überträgt mit den Bezeichnungen in Abb. 3 das Drehstromsystem die Leistung $3\,U_w I_w$ mit bezogenen Verlusten von

$$\frac{3\,I_w^2\,R_w}{3\,U_w\,I_w} = \frac{I_w\,R_w}{U_w},$$

das Gleichstromsystem die Leistung $2\sqrt{2}\cdot U_w\,I_g$.

Die Leiter des Gleichstromsystems haben, wenn man den geringfügigen Unterschied zwischen Gleichstrom- und Wechselstromwiderstand vernachlässigt, bei gleichem Werkstoffaufwand einen Widerstand von nur $^2/_3\,R_w$. Die bezogenen Verluste betragen demzufolge

$$\frac{I_g^2\cdot 2\cdot\frac{2}{3}\,R_w}{2\sqrt{2}\,U_w\,I_g} = \frac{2\,I_g\,R_w}{3\sqrt{2}\,U_w}.$$

Aus Gleichsetzen der Verluste ergibt sich

$$I_g = \frac{3}{2}\sqrt{2}\,I_w,$$

d. h. das Gleichstromsystem kann die Leistung $2\sqrt{2}\,U_w\,I_g = 6\,U_w\,I_w$, also die doppelte Leistung eines gleich aufwendigen Drehstromsystems übertragen [2]. Dabei ist eine Freileitung für hochgespannten Gleichstrom, bedingt durch leichtere Maste und nur zwei Isolatorenketten je Mast, sogar noch wesentlich billiger als die Drehstromleitung.

Eine mit hochgespanntem Gleichstrom betriebene Freileitung verhält sich in bezug auf Koronaverluste und HF-Störungen wesentlich günstiger als eine Drehstromleitung gleicher Spannung. Koronaverluste treten erst beim etwa $2^1/_2$fachen Einsatzwert der Spannung bei Drehstromübertragung ein.

Die für *Kabel* besonders großen Vorteile der besseren Isolationsausnutzung bei Betrieb mit hochgespanntem Gleichstrom sind mehrfacher Art. Es entfallen die dielektrischen Verluste, und dadurch, daß sich die Spannungsverteilung in der Isolation nicht wie bei Wechselstrom nach dem Dielektrikum sondern nach den Isolationswiderständen der Kabelisolation ausbildet, kann in ihr bei Gleichstrom kein Glimmen bei eventueller Hohlraumbildung auftreten. Deshalb lassen sich für hochgespannten Gleichstrom neben Ölkabeln auch die so bewährten Kabel mit Masseisolation verwenden, die den für Seekabel wichtigen Vorteil haben, keine Tanks und sonstiges Zubehör zu benötigen. Es sind bei Gleichstrom Betriebsfeldstärken bis zu 40 kV/mm zulässig, und für eine bestimmte Betriebsspannung bemessene Wechselstromkabel lassen sich mit etwa der vierfachen Gleichspannung betreiben, also z. B. ein 60-kV-Wechselstromkabel mit 220 kV Gleichspannung. Genau genommen hängt, wie Untersuchungen sowjetischer und französischer Kabelfachleute an Gleichspannungs-Kabelmodellen ergeben haben, die Spannungsverteilung in der Isolation und damit auch die wirksame Feldverteilung vom spezifischen Widerstand des Isolierstoffes ab. Da der Widerstand aber mit steigender Temperatur exponentiell abnimmt, kann in der Isolierung eines Gleichstromkabels die Feldstärke an der äußeren metallischen Abschirmung höher als am Leiter sein. Demzufolge muß zumindest bei Seekabeln für die Gleichstromübertragung der Temperaturunterschied zwischen Leiter und Abschirmung besonders beachtet werden [3, 4].

Bei Verlegung der Seekabel in großen Tiefen lassen sich Wechselstromkabel infolge der Druckbeanspruchung der Kabel bei dem heutigen Stand der Kabeltechnik nur mit Spannungen bis höchstens 150 kV, Gleichstromkabel dagegen mit mindestens 250 kV gegen Erde betreiben, was aber für das 2-Leiter-System mit geerdetem Mittelpunkt der Gleichstromübertragung 500 kV als Übertragungsspannung bedeutet. Das bedingt bei Drehstromübertragung wegen der alsdann für große Übertragungsleistungen erforderlichen Tiefsee-Parallelkabel wesentlich größeren Kabelaufwand als bei Gleichstromübertragung, außerdem — wenn die Kabelstrecke im Zuge einer längeren Übertragung durch Freileitungen eingesetzt werden muß — auch noch zweimalige Transformierung der Leistung, nämlich je eine Transformierung am Anfang und Ende der Kabelstrecke.

## 2. Besonderheiten der Gleichstromübertragung

ergeben sich vor allem aus den erforderlichen Stromrichtern, die am Anfang der Übertragung als Gleichrichter und am Ende als Wechselrichter arbeiten [5]. Sie sind die wichtigsten Bauteile der Gleichstromübertragung und bestehen aus je zwei Gruppen von Quecksilberdampfventilen in Dreiphasen-Graetzschaltung, die drehstromseitig parallel und gleichstromseitig in Reihe geschaltet sind. Die Wechselrichter am Ende der Übertragung verwandeln den Gleichstrom wieder in Wechsel- bzw. Drehstrom und werden mit Hilfe ihrer Steuergitter so geschaltet, daß die ankommende Gleichspannung immer dann einen Strom durch die Ventile in das Drehstromnetz treibt, wenn der Augenblickswert der Wechselspannung der Gleichspannung entgegengesetzt ist. Die Glättungsdrosseln in jeder Station (s. Abb. 1) dienen dazu, die dynamische Stabilität der Wechselrichter zu erhöhen und die überlagerten Schwingungen im Gleichstrom auf den Übertragungsleitungen zu begrenzen. Die zu übertragende Leistung wird durch Änderung der Gleichrichter- und der Wechselrichterspannung durch Regelumspanner und über die Gittersteuerung der Ventile oder, wenn vorhanden, in Abhängigkeit von der Frequenz des Synchronphasenschiebers im gespeisten Netz geregelt. Demzufolge wird die Spannung der Übertragung von der Wechselrichterstation und der Strom von der Gleichrichterstation bestimmt. Die Betriebssicherheit der Wechselrichter und ihr Betrieb mit möglichst kleinem Blindleistungsverbrauch erfordern besondere Löschwinkelregler, die mit Hilfe von Rechengeräten auf jeweils optimale Löschwinkel regeln.

Die Gleichstromübertragung hat demzufolge andere übertragungstechnische Eigenschaften als die Übertragung mit Drehstrom. Diese Erkenntnisse sind bei uns schon frühzeitig bei Projektierung der Kabel-Gleichstromübertragung Elbe-Berlin gewonnen und sofort nach dem Kriege insbesondere durch die Arbeiten von E. Schulze bei der Außenstelle Berlin des Ministeriums der Kraftwerke der UdSSR weiter vertieft worden. Danach sind die Unterschiede zwischen Gleichstrom- und Drehstromübertragung in der Hauptsache folgende [6]:

a) Die Gleichstromübertragung liefert nur Wirkleistung an das gespeiste Drehstromnetz, kann dagegen keine Blindleistung übertragen und sich somit ohne besondere Maßnahmen nicht an der Lieferung von Kurzschlußleistung in das Netz beteiligen.
b) Statt dessen verbrauchen die Wechselrichter eine wirkleistungsabhängige induktive Blindleistung von etwa 0,8 MVar für jedes aktiv übertragene MW, die in den Wechselrichterstationen durch Kondensatoren oder synchrone Blindleistungsmaschinen zu erzeugen ist.
c) Die Wechselrichter neigen bei Spannungsabsenkungen im gespeisten Drehstromnetz zum Kippen und machen den Betrieb des Netzes gegen Störungen seines Blindleistungs-Gleichgewichtes besonders empfindlich.
d) Während die Blindleistungsdarbietung in einem gewöhnlichen Drehstromnetz nur die Spannungshaltung beeinflußt, ändert sie in einem Drehstromnetz, das ausschließlich über netzgeführte Wechselrichter gespeist wird, außerdem auch die Frequenz. Mangel an Blindleistung ruft einen Frequenzanstieg und umgekehrt Überschuß an Blindleistung einen Frequenzabfall hervor, um auf diese Weise den Blindleistungshaushalt des Drehstromnetzes selbsttätig wieder ins Gleichgewicht zu bringen.

Die Schaltung einer Übertragung mit hochgespanntem Gleichstrom nach Abb. 1 legt nahe, die Erde als Rückleitung zu verwenden, sei es dauernd, um einen Leiter der Übertragung einzusparen, sei es vorübergehend, um bei Ausfall eines Leiters die Anlage mit halber Leistung weiter betreiben zu können. Erdstrom-Ausbreitungsversuche, die vor allem in Schweden durchgeführt worden sind, haben starken Erdstromein- und -austritt in alle im Boden vorhandene Erdkabel gezeigt, selbst wenn sie in Entfernungen von 30 bis 50 km von der Verbindungslinie der Erdelektroden parallel zu dieser verlaufen. Das muß aber, über längere Zeiträume geschehen, zu starken Kabelmantelkorrosionen führen. Ähnliche Wirkungen sind für im Erdboden verlegte Rohrleitungen zu erwarten. In gleicher Weise können Teile des Erdrückstromes in alle einigermaßen mit dem Stromfluß parallel verlaufenden Gleisanlagen eintreten und dadurch Fehlweisungen der Streckenüberwachungseinrichtungen hervorrufen. Diese Schwierigkeiten entfallen naturgemäß bei Verwendung des Meeres und seines Bodens als Rückstromleitung, jedoch sind bei einleitrigen Seekabeln noch Kompaßbeeinflussungen möglich, die bei in Nord-Südrichtung verlegten Kabeln und zumindest bei stark befahrenen Meeresstraßen nicht vernachlässigt werden dürfen. Ein Beispiel dafür ist die Gleichstromübertragung mit 2 Einleiterkabeln über den Ärmelkanal zwischen England und Frankreich. Im Gegensatz dazu darf und wird die schwedische Gotland-Übertragung, weil sie nahezu in West-Ostrichtung verläuft, mit nur einem Einleiterkabel und Erdrückleitung durch das Meer betrieben.

Zusammengefaßt ist festzustellen, daß die Übertragung mit hochgespanntem Gleichstrom in Gebieten mit dichter Industrie- und Wohnbesiedlung, vor allem der dort vorhandenen Erdkabel, Rohrleitungen und Gleisanlagen wegen, niemals, auch nicht vorübergehend mit

Erde als Rückleitung betrieben werden darf, dies aber zulässig sein kann bei Übertragung durch dünn besiedelte Gebiete, durch Einöden ohne Besiedlung und über Seekabel.

## 3. Technische Schwierigkeiten bei der Gleichstromübertragung

Die Übertragung mit hochgespanntem Gleichstrom hat zur Zeit noch einige technische Schwierigkeiten.

Abgesehen von den — im Vergleich zu den Umspannwerken für die Drehstromübertragung — komplizierten Gleich- und Wechselrichterstationen fehlt vorerst noch der Hochleistungs-*Gleichstromschalter*.

Mit Hilfe der Gittersteuerung an den Stromrichtern lassen sich zwar vorübergehende Leitungskurzschlüsse — ähnlich der Kurzschlußfortschaltung bei der Drehstromübertragung — löschen und auch Dauerkurzschlüsse sehr schnell abschalten, aber Abzweige im Zuge durchgehender Leitungen, z. B. zu Kraftwerken oder zu Verbrauchern, oder allgemein Netzknotenpunkte wie in den Drehstromnetzen erfordern Gleichstromschalter. Allerdings kann bei der häufig vorliegenden Aufgabe, größte Leistungen aus Kraftwerken oder aus einem Energiesystem zu weit entfernten Drehstrom-Verbundnetzen oder zu anderen Energiesystemen über nicht angezapfte Leitungen zu übertragen, auf Gleichstromschalter verzichtet werden; denn in diesen Fällen kann das betriebsmäßige Ein- und Ausschalten der Übertragungsanlage mit den Drehstromschaltern vor den Umspannern in der Gleichrichterstation erfolgen.

Das Herausschalten einer fehlerhaft gewordenen Ventilgruppe ohne Unterbrechung der Energieübertragung erfolgt in der Weise, daß diese Ventilgruppe von einer automatischen Schutzeinrichtung gesperrt und gleichzeitig durch ein sich unverzögert öffnendes — normalerweise gesperrtes — Nebenventil überbrückt wird. Dieses Nebenventil leitet den Gleichstrom der Anlage an der gesperrten Ventilgruppe vorbei. Dauert die Sperrung der fehlerhaft gewordenen Ventilgruppe länger, so wird das Nebenventil seinerseits selbsttätig durch Schließen eines Nebenweg-Trennschalters entlastet, und der fehlerhafte Stromrichter kann alsdann mit gewöhnlichen Trennschaltern auf den Gleichstrom- und Wechselstromseiten abgetrennt werden. Die Energieübertragung arbeitet auf diese Weise ohne Unterbrechung und nur mit verringerter Nennleistung.

## 4. Wirtschaftlicher Vergleich zwischen Drehstrom- und Gleichstrom-Höchstspannungsübertragungen

Innerhalb der technisch noch möglichen Grenzentfernungen für Drehstromübertragungen über Freileitungen oder Kabel kann die Drehstrom- oder die Gleichstromübertragung die wirtschaftlichere von beiden sein.

Die Freileitungen und Kabel für die Gleichstromübertragung erfordern geringere Beschaffungskosten als gleichwertige Drehstromleitungen bzw. -kabel. Für Gleichstrom-Freileitungen beträgt der Baustoffaufwand in Tonnen für Maste, Leiterseile, Isolatoren und Zubehör zur Zeit erfahrungsgemäß und abhängig von der Bauweise nur etwa 43...60% des Aufwandes für gleichwertige Drehstrom-Freileitungen (s. Abb. 4). Umgekehrt sind aber die Endstationen der Gleichstromübertragung teurer als die Umspannwerke an den Enden der Drehstromübertragung; dabei kosten, wenn die Gleichstromübertragung in beiden Richtungen arbeiten muß wie z. B. bei der Kupplung von Energiesystemen, ihre Stationen etwas mehr als bei Übertragung in nur einer Richtung.

Da für beide Übertragungen die Anlagekosten der Freileitungen und Kabel mit der Länge wachsen, die Stationskosten aber praktisch unabhängig von ihr sind, ist die Gleichstromübertragung erst bei einer bestimmten Mindest-Übertragungsentfernung ebenso wirtschaftlich wie die Drehstromübertragung und oberhalb dieser Mindest-Entfernung dann wirtschaftlicher als diese.

Die Grenzentfernung für die noch wirtschaftliche Drehstromübertragung wird in der Hauptsache durch die Anlagekosten der zu vergleichenden Übertragungssysteme bestimmt. Eine genaue Wirtschaftlichkeitsberechnung, welche die Übertragungskosten je MWh an den Enden der Übertragungen zu ermitteln hat, muß selbstverständlich neben den Anlagekosten bzw. den sich daraus ergebenden unterschiedlichen Abschreibungen auch noch alle weiteren Kosten der zu vergleichenden Übertragungen berücksichtigen. Zu diesen weiteren Kosten gehören in der Hauptsache die Jahreskosten für die Verlustleistung und Verlustarbeit, für Bedienung, Wartung und Unterhaltung der Anlagen.

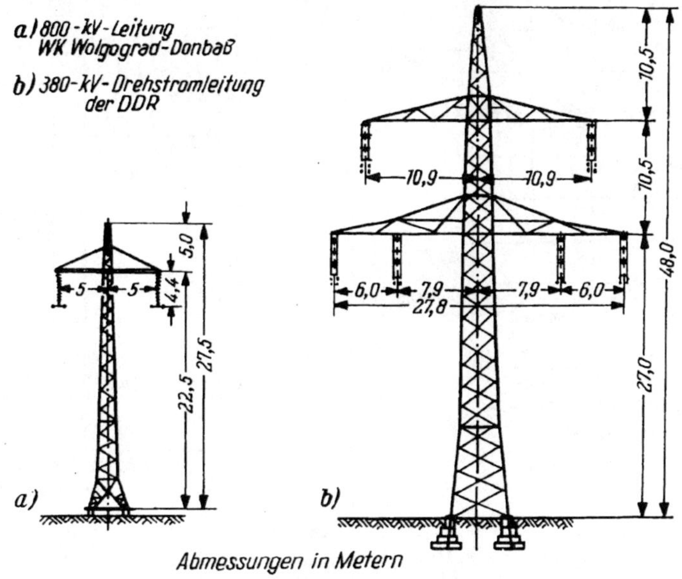


Abb. 4. Vergleich von Tragmasten für Gleichstrom- und Drehstrom-Höchstspannungsleitungen etwa gleicher Übertragungsleistung

In verschiedenen Ländern mit steigendem Bedarf an Großkraft-Fernübertragungen, namentlich in Schweden, in der Sowjetunion, in England und in den USA, sind sorgfältige Vergleichsrechnungen über die Wirtschaftlichkeit von Übertragungen mit Gleich- oder Drehstrom sehr hoher Spannungen durchgeführt worden. Lassen sich die Ergebnisse dieser Rechnungen, abgestellt auf die besonderen Aufgaben und Verhältnisse in den verschiedenen Ländern, auch nicht verallgemeinern, so haben sie doch Richtwerte für die derzeit wirtschaftlichen Grenzen in der Anwendung der einen oder anderen Stromart ergeben. Es ist selbstverständlich, daß sich diese Richtwerte mit dem fortschreitenden Entwicklungsstand der Technik ändern werden [7].

Die folgenden Abbildungen 5 bis 7 zeigen Beispiele solcher Untersuchungen. In Abb. 5 ist — abgestellt auf westdeutsche Verhältnisse, die aber auch für uns in der DDR zutreffen dürften — der wirtschaftliche Vergleich dieser beiden Stromarten nach den Anlagekosten durchgeführt. Danach ist für das angenommene Beispiel die Gleichstromübertragung über Freileitungen der Drehstromübertragung über Freileitungen wirtschaftlich überlegen ab einer Übertragungsentfernung von 800 km, die Gleichstromübertragung über Kabel ab 1100 km.

Die folgenden Bilder geben die Ergebnisse schwedischer Berechnungen aus dem Jahr 1956 [8] wieder, Abb. 6 für die Aufgabe, daß von einem Fernkraftwerk 750- oder 1500 MW über Freileitungen zu einem weit abgelegenen 130-kV-Drehstromnetz zu übertragen sind. Die über der Übertragungsentfernung aufgetragenen Kurven der Übertragungskosten je kW, 100 km und Jahr (einschl. Verluste) schneiden sich in dem einen Fall (1500 MW) bei 530 km, im anderen (750 MW) bei 650 km. Auch hier ist zu erkennen, daß die Grenzentfernung, von der ab die Gleichstromübertragung wirtschaftlicher als die Drehstromübertragung ist, um so kürzer wird, je größer die zu übertragende Leistung ist. Sollen sich die genannten Leistungen zwischen zwei Drehstrom-Energiesystemen, also in beiden Richtungen, übertragen lassen, so schneiden sich die Kurven in Abb. 6 bei etwa um 50···100 km größeren Entfernungen. Abb. 7 zeigt das Ergebnis der schwedischen Berechnungen für Seekabelübertra-

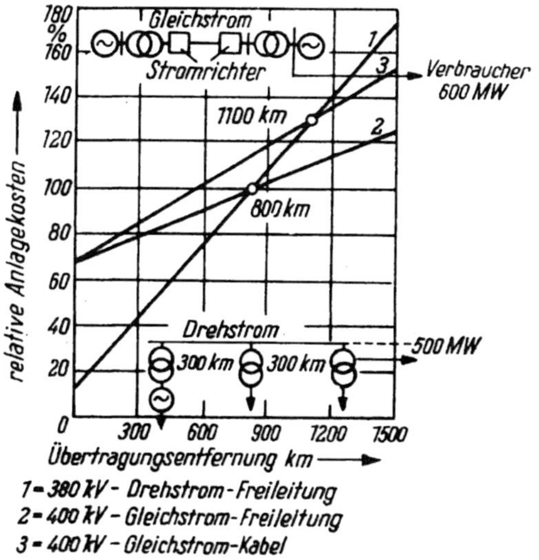


Abb. 5. Anteilige Anlagekosten für 600 MW-Drehstrom- und Gleichstromübertragungen mit Höchstspannungen, abhängig von der Leitungslänge

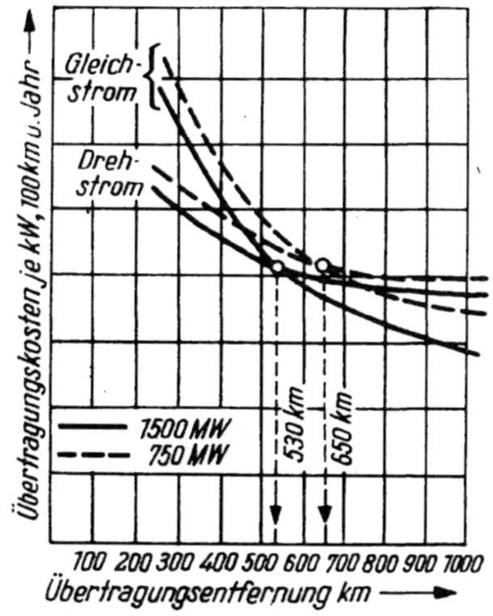


Abb. 6. Jährliche Kosten der Energieübertragung mit hochgespanntem Gleich- und Drehstrom über Freileitungen von einem Kraftwerk zu einem 130-kV-Drehstromnetz

gungen von 750, 200 und 100 MW von einem Kraftwerk zu einem 130-kV-Drehstromnetz. Danach betragen die wirtschaftlichen Grenzentfernungen für die Übertragung mit Drehstrom bei 750 MW 37 km, bei 200 MW 43 km, bei 100 MW 30 km.

In solchen Berechnungen lassen sich drei wichtige Vorteile der Gleichstromübertragung gegenüber der Drehstromübertragung kostenmäßig nur schwer oder gar nicht berücksichtigen. Das sind der nichtsynchrone Betrieb der gekuppelten Kraftwerksgruppen bzw. Energiesysteme, die sehr viel längere Lebensdauer der Gleichstrom-Hochspannungskabel im Vergleich zu den Drehstromkabeln, die kleineren Kurzschlußleistungen in den gekuppelten Drehstromnetzen.

## 5. Anwendungsbereiche der beiden Stromarten

Aus den vorstehenden Betrachtungen über die technischen und wirtschaftlichen Eigenschaften von Höchstspannungsübertragungen mit Gleich- oder Drehstrom lassen sich als Endergebnis folgende Anwendungsbereiche für beide Stromarten und besondere Vorteile der Gleichstromübertragung feststellen:

a) Über Freileitungen können mit hochgespanntem Gleichstrom bei gleichen bezogenen Stromwärmeverlusten doppelt so große Leistungen wie mit Drehstrom über gleich aufwendige Leitungen übertragen werden.
b) Kabelübertragungen mit hochgespanntem Drehstrom sind im allgemeinen und insbesondere über Seekabel nur über Entfernungen bis zu etwa 40 km möglich.
c) Die bei dem gegenwärtigen Stand der Technik gegebenen wirtschaftlichen Anwendungsbereiche beider Stromarten, abhängig von den Übertragungsleistungen und -entfernungen, zeigt Abb. 8.
d) Mit Kupplung über Gleichstromübertragungen lassen sich die gekuppelten Kraftwerksgruppen und Energiesysteme ohne Stabilitätsschwierigkeiten und auch nichtsynchron betreiben.
e) Kupplung von Drehstromsystemen über Gleichstromübertragungen erhöht nicht die Kurzschlußleistung in den gekuppelten Drehstromsystemen.

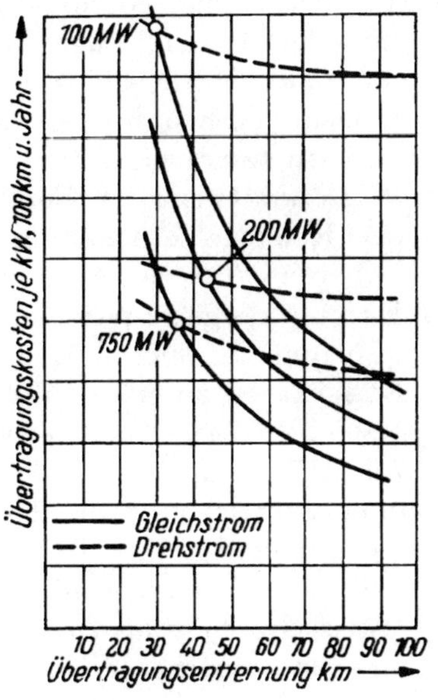


Abb. 7. Jährliche Kosten der Energieübertragung mit hochgespanntem Gleich- und Drehstrom über Seekabel von einem Kraftwerk zu einem 130-kV-Drehstromnetz

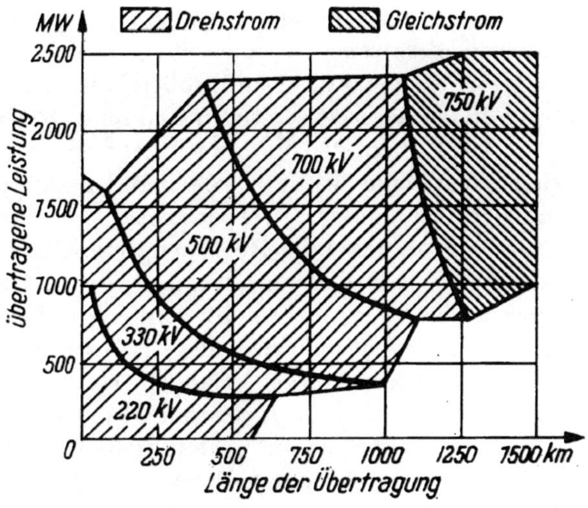


Abb. 8. Wirtschaftliche Anwendungsbereiche der Höchstspannungsübertragungen mit Drehstrom und Gleichstrom

Eine wichtige Aufgabe von Forschung und Entwicklung in der Erzeugung von Elektroenergie aus chemischer Rohenergie besteht bekanntlich darin, die Rohenergie (chemische Energie der Brennstoffe) unmittelbar, d. h. ohne den Umweg über mechanische Energie und damit ohne Beschränkung durch den Carnot-Wirkungsgrad, in elektrische Energie zu verwandeln. Dabei fällt die elektrische Energie in Form von Gleichstrom an. Gelingt es, diese Verfahren in sehr großem Maßstab technisch brauchbar zu machen, so würden sich damit der Gleichstromübertragung, weil es dann keiner Gleichrichter mehr bei den Kraftwerken und nur noch Wechselrichter am Ende der Übertragungen bedarf, weitere Anwendungsbereiche erschließen.

Kann somit der hochgespannte Gleichstrom die jetzt vor uns liegenden Aufgaben der Fernübertragung sehr großer Leistungen sicher lösen, so zeichnet sich bereits heute ab, daß es uns — auf weite Sicht gesehen — voraussichtlich möglich sein wird, große Energien auch in Form dichter Bündel von Quanten oder ultrakurzen Radiowellen, d. h. sogar durch die Luft zu übertragen. Das könnte der bis dahin durch den Sozialismus endgültig befriedeten Menschheit die großartige Perspektive eröffnen, der Erde die Energiequellen auch anderer Planeten nutzbar zu machen.

## 6. Bedeutung der Gleichstrom-Höchstspannungsübertragung für die Energiesysteme der sozialistischen Länder

Die weitere Entwicklung der Elektroenergieversorgung verlangt die Übertragung sehr großer und ständig steigender Leistungen auch in den sozialistischen Ländern. Für die Entfernungen, über welche diese Leistungen innerhalb der Territorien der sozialistischen Länder — ausgenommen die riesigen Flächen der Sowjetunion und der VR China — zu übertragen sind, wird aller Voraussicht nach auch zukünftig noch sehr hoch gespannter Drehstrom ausreichen, zumal außerdem die in diesen Ländern notwendigen Zwischen-Einspeisungen und -abnahmen kaum Stabilitätsschwierigkeiten entstehen lassen. Dagegen erfordern die Großkraftübertragungen, welche die Sowjetunion und die VR China in ihren Gebieten errichten müssen, vor allem der großen Entfernungen wegen unbedingt hochgespannten Gleichstrom. Beispiele für solche Fernübertragungen in der Sowjetunion ergeben sich aus der Notwendigkeit, die großen Leistungen aus den Wasserkraftwerken an der Angara und am Baikalsee sowie aus den Dampfkraftwerken auf den Kohlenfeldern Sibiriens über mehrere 1000 km zu den Verbrauchszentren westlich des Ural zu übertragen. Auch die vorgesehene Kupplung der weit voneinander entfernten Drehstrom-Energiesysteme innerhalb der Sowjetunion zum Großverbundbetrieb ist nur mit hochgespanntem Gleichstrom möglich. Um für diese kommenden Hochspannungsübertragungen Erfahrungen an einer Großanlage zu sammeln, hat die Sowjetunion die 475 km lange 800-kV-Gleichstromübertragung Wolgograd-Donbass für eine Übertragungsfähigkeit von 750 MW gebaut [9].

Besondere Bedeutung wird die Gleichstrom-Höchstspannungsübertragung für die europäischen Volksdemokratien erlangen bei der Elektroenergieerzeugung aus Kernenergie, weil es aus heute schon übersehbaren Gründen und auf weite Sicht gesehen notwendig werden wird, später Elektroenergie auch durch Ausnutzung der Wasserstoff-Fusion zu erzeugen. Kraftwerke, die nach diesem Prozeß arbeiten, werden dann sehr wahrscheinlich Mammutkraftwerke von heute nach kaum vorstellbaren Leistungen sein und dementsprechend riesige Investitionen erfordern. Deshalb lassen sich solche Kraftwerke nur als Gemeinschaftswerke ganzer Staatenblocks und außerdem — wenigstens in den europäischen Ländern — nur an verhältnismäßig wenigen Stellen errichten. Es wird dann notwendig werden, die riesigen Leistungen dieser Kraftwerke über große Entfernungen nach den Verbrauchsgebieten zu übertragen. Das kann zwar für relativ nahegelegene Verbrauchsgebiete noch mit Drehstrom sehr hoher Spannung, muß aber für entfernte Gebiete unbedingt mit hochgespanntem Gleichstrom erfolgen. Ich kann mir vorstellen, daß später einmal für die Länder des sozialistischen Lagers in Europa unter Führung der Sowjetunion auf deren Territorium zwei oder drei Atomkraftwerke auf Kernverschmelzungsbasis entstehen werden und daß dann riesige Leistungen von diesen Kraftwerken zu den einzelnen Volksdemokratien mit hochgespanntem Gleichstrom zu übertragen sind.

## Zusammenfassung

Die technischen Grenzen, die der Übertragung sehr großer Leistungen über weite Entfernungen gesetzt sind, haben zur Entwicklung von Übertragungen mit hochgespanntem Gleichstrom geführt. Dabei kann innerhalb der technisch noch möglichen Grenzentfernungen für Drehstromübertragungen die Drehstrom- oder die Gleichstromübertragung die wirtschaftlichere von beiden sein. Die technischen Vorteile der Übertragung mit hochgespanntem Gleichstrom gegenüber Drehstromübertragung basieren in der Hauptsache auf dem Wegfall der Wirkungen von Induktivität und Kapazität der Übertragungsanlagen und auf der besseren Ausnutzung des Isoliervermögens sowohl der Freileitungsisolatoren als auch der Kabelisolation. Bei der Gleichstromübertragung gibt es, so groß auch die Länge der Übertragung sein mag, keine Stabilitätsprobleme; sie ermöglicht den Austausch großer Leistungen auch zwischen nichtsynchronisierten Kraftwerksgruppen oder Netzen, und sie erhöht nicht die Kurzschlußleistungen in den gekuppelten Drehstromnetzen. Eine Freileitung mit hochgespanntem Gleichstrom kann bei gleichen bezogenen Stromwärmeverlusten die doppelte Leistung einer mit gleichem Aufwand an Isolation und Leiterwerkstoff gebauten Drehstrom-Höchstspannungsleitung übertragen. Kabelübertragungen mit sehr hoch gespanntem Drehstrom sind, bedingt durch die großen Ladeleistungen der Kabel, überhaupt nur über Entfernungen bis zu etwa 40 km möglich. Die Anlagekosten der Endstationen für die Gleichstromübertragung sind höher als die Kosten der Umspannwerke an den Enden der Drehstromübertragung. Umgekehrt erfordern aber die Freileitungen und Kabel für die Gleichstromübertragung wesentlich geringere Beschaffungskosten als gleichwertige Drehstromleitungen bzw. -kabel. Da für beide Übertragungen die Stationskosten praktisch unabhängig von der Übertragungslänge sind, jedoch die Anlagekosten der Freileitungen und Kabel mit ihr wachsen, ist die Gleichstromübertragung erst bei einer bestimmten Mindest-Grenzentfernung ebenso wirtschaftlich wie die Drehstromübertragung und oberhalb ihrer Mindestentfernung dann wirtschaftlicher als diese.

## Literatur

[1] Boissonnas, M., Transport d'énergie par courant continu de Moutiers à Lyon. La Technique mod. **17** (1925) 644.

[2] Lappe, R., Der heutige Stand der Gleichstrom-Höchstspannungsübertragung. Elektrie **16** (1962) 173–178.

[3] Gorodetzki, S. S., Câbles à courant continu à 200 et à 400 kV. CIGRE-Bericht Nr. 206/1958.

[4] Tellier, R., Constantin, L., Brenac, J. M., Oudin, J. M. u. Bele, J., Recherches et progrès récents dans la technique des câbles à courant continu et à courant alternatif à haute tension. CIGRE-Bericht Nr. 212/1958.

[5] Lamm, U., Energieübertragung mit hochgespanntem Gleichstrom. ASEA-Z. **6** (1961) 29–34.

[6] Schulze, E., Zur Energieübertragung mit hochgespanntem Gleichstrom. ETZ-A **74** (1953) 319–321.

[7] Gerschengorn, A. I., Rotkotjan, S. S., u. Sandler, P. E., Vergleichende wirtschaftliche Bewertung von Gleich- und Wechselstrom-Fernübertragungen. Elektritschestwo (1958) Nr. 5, S. 8–11.

[8] Lane, F. J., Lamm, U., Ratsman, B. G., u. Smedsfelt, K. S., Comparaison des prix de revient de transport d'énergie par courant alternatif et en courant continu à haute tension. CIGRE-Bericht Nr. 417/1956.

[9] Grois, E. S., Posse, A. V., u. Touretski, V. E., Transport de l'énergie en courant continu sous 800 kV Stalingrad-Donbass. CIGRE-Bericht Nr. 414/1960.

[10] Dahlman, C.-D., u. Engström, G., Neue Anlagen für hochgespannten Gleichstrom. ETZ-B **15** (1963) 73–77.

F. Obenaus

Diskussionsbeitrag und Vorführungsversuche zu dem Vortrag Schulze

# „Zur Energieübertragung mit hochgespanntem Gleichstrom"

Von dem Vorteil der Gleichspannung in bezug auf Koronavorentladungen und Gleitentladungen geben Laboratoriumsversuche an den beiden Grundisolierelementen, dem „Stützer" und der „Durchführung", ein anschauliches Bild. Die Vorentladungen können mit dem bloßen Auge beobachtet und in fotografischen Aufnahmen festgehalten werden. Bei den sogenannten Dauerentladungsbildern (Abb. 1···7) wird die Kamera während einer längeren Zeit (5 min) im verdunkelten Raum offengehalten, so daß ihre belichteten Stellen durch eine Überlagerung von zeitlich nacheinander stattfindenden Vorentladungen entstehen.

Ein Freiluftstützer mit einer Bauhöhe bzw. mit einem Überschlagweg von $ü = 100$ cm (Abb. 1) zeigt bei einer Spannung von $U_- = 300$ kV nur am oberen Rand der Metallarmatur des Kopfes Koronavorentladungen (Abb. 2), die bei gleich hoher Wechselspannung von $\hat{U}_\sim = 300$ kV (Abb. 3) bereits etwa 25% des Überschlagweges überbrücken. Bei Durchführungen scheint die Überlegenheit der Gleichspannung zunächst noch größer zu sein. Eine schlanke Rohrdurchführung mit einem Überschlagweg von $ü = 120$ cm (Abb. 4) weist bei $U_- = 300$ kV noch keinerlei Korona auf (Abb. 5), während sie bei $\hat{U}_\sim = 140$ kV von Gleitfunken nahezu vollkommen überbrückt ist (Abb. 6).

Die stromstärkeren und damit leuchtstärkeren Vorentladungen bei Wechselspannung sowohl am Stützer als auch an der Durchführung erklären sich dadurch, daß über sie in jeder Wechselspannungshalbwelle Raumkapazitäten geladen werden müssen. Diese sind zwischen der Oberfläche der Durchführung und dem Durchführungsbolzen besonders groß, weil sich dort ein Material hoher Dielektrizitätskonstante befindet und außerdem die Abstände sehr gering sind.

Leider läßt sich der bei Durchführungen besonders offensichtliche Vorteil der Gleichspannung nicht voll ausnützen, weil auch in Gleichspannungsnetzen mit Überspannungen, — den inneren, meist Schaltüberspannungen und den äußeren, den Blitzüberspannungen, — zu rechnen ist. Dies sind Spannungsarten, die eine große Spannungsänderung mit der Zeit ($du/dt$) aufweisen und damit große Ladeströme in den Vorentladungen verursachen. Für sie sind ebenso wie für die im Versuch benutzte 50-Hz-Wechselspannung die Elementarkapazitäten im Feldraum maßgebend. Die Spannungsverteilung wird nicht wie bei ruhender Gleichspannung von der Leitfähigkeit $\varkappa$ der Isolierstoffe im Feldraum, sondern von ihrer Dielektrizitätskonstante $\varepsilon$ bestimmt. Bei dem plötzlichen Einschalten einer Gleichspannung von nur $U_- = 100$ kV beispielsweise überbrücken die Gleitfunken bereits etwa ein Viertel des Überschlagweges der gleichen Durchführung (Abb. 7a), die bei ruhender Gleichspannung von $U_- = 300$ kV noch vollständig dunkel war (Abb. 5). Bei $U_- = 180$ kV Einschaltgleichspannung schließen die Gleitfunken bereits den ganzen Überschlagweg kurz (Abb. 7b) in ähnlicher Weise wie etwa bei der Wechselspannung von 140 kV (Abb. 4).

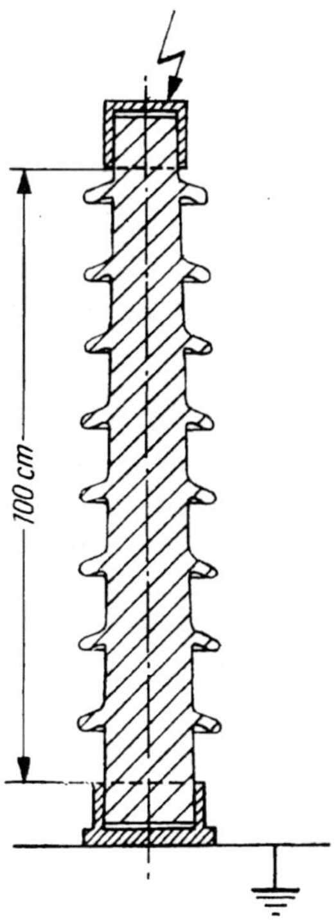


Abb. 1. Stüzter im Schnitt

Abb. 2. Koronavorentladungen am Stützer bei Gleichspannung; $U = 300$ kV, Belichtungsdauer 5 min

Abb. 3. Koronavorentladungen am Stützer bei 50-Hz-Wechselspannung; $\hat{U} = 300$ kV, Belichtungsdauer 5 min

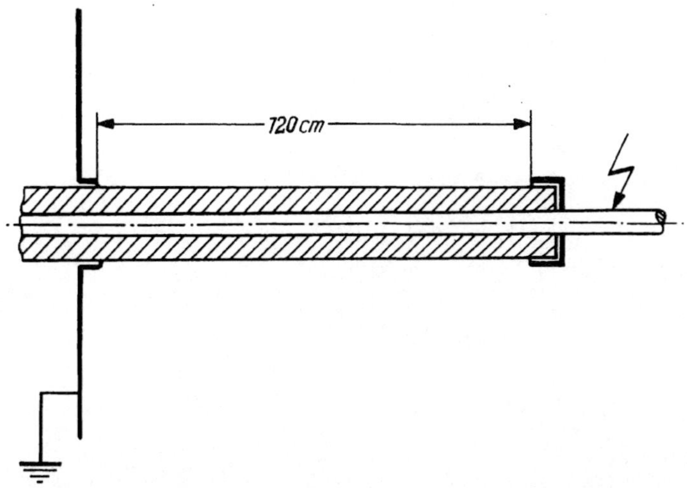


Abb. 4. Durchführung im Schnitt

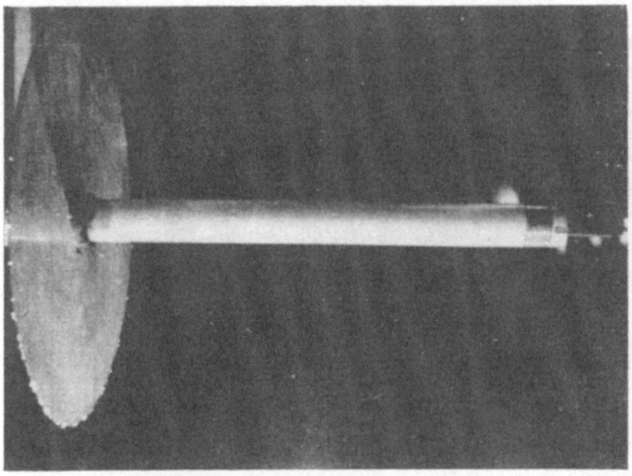

Abb. 5. Koronavorentladungen an der Durchführung bei Gleichspannung; $U_- = 300$ kV, Belichtungsdauer 5 min

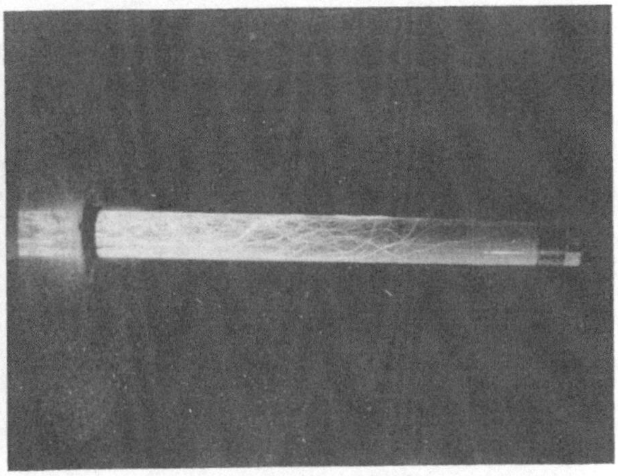

Abb. 6. Gleitfunken an der Durchführung bei Wechselspannung; $\hat{U} = 140$ kV, Belichtungsdauer 1 sec

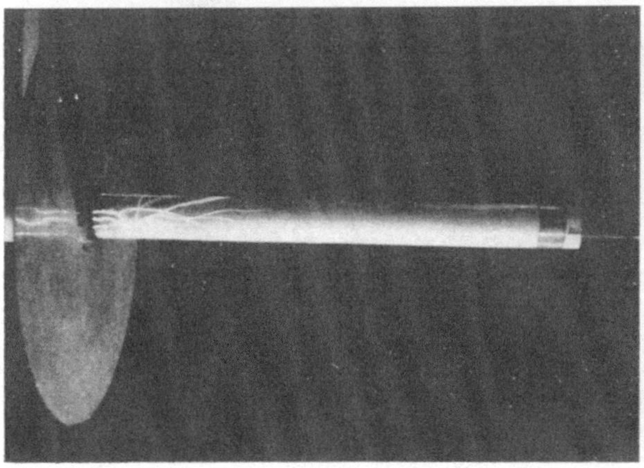

Abb. 7a

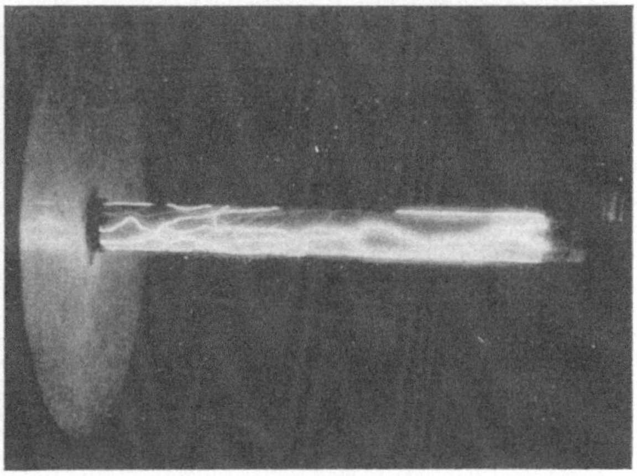

Abb. 7b

Abb. 7. Gleitfunken an der Durchführung beim Einschalten von Gleichspannung.
a) $U_- = 100$ kV b) $U_- = 180$ kV
Belichtungsdauer $<$ 0,5 sec

WILHELM KLEIN

## Grundlagen der Theorie elektrischer Schaltungen

1961. XII, 259 Seiten — 120 Abbildungen, davon 11 auf 3 Kunstdrucktafeln — 1 Übersichtstafel — 2 Tabellen gr. 8° — Lederin DM 39,—

Aus Besprechungen:

„... Der Verfasser behandelt in einer sehr klaren und übersichtlichen Form alle Bereiche der Netzwerkanalyse und benutzt dazu ausschließlich die bequeme Matrizenschreibweise. Die neuerdings zunehmend angewendeten Wellenmatrizen stehen dabei im Vordergrund. Die zahlreichen Anwendungsbeispiele reichen von Zweipolnetzen über Vierpole bis zu Drehstromsystemen und gekoppelten Leitungsbündeln. Ein Anhang gibt eine Einführung in die benutzten mathematischen Verfahren ..." VDI-Zeitschrift

„Gleich zu Anfang muß gesagt werden, daß mit diesem Buch eine wertvollere Bereicherung des Schrifttums über Schaltungstheorie gegeben wird ... Anknüpfend an die bekannte Vierpoltheorie linearer Schaltungen wird eine Zusammenfassung der neueren Untersuchungen über Mehrpoltheorie und damit eine Verallgemeinerung der Vierpoltheorie vorgelegt. Die Darstellung des Stoffes ist logisch klar, mathematisch sauber und gründlich durchdacht; das ideale Lehrbuch für den Studenten höherer Semester ..." Nachrichtentechnik

HELMUT WINKLER

## Elektronische Analogieanlagen

2. berichtigte Auflage

(Elektronisches Rechnen und Regeln, Band 2)

1963. X, 242 Seiten — 172 Abbildungen, davon 3 auf 1 Falttafel — gr. 8° — Lederin DM 29,—

Besprechung zur 1. Auflage:

„Die elektronischen Rechenmaschinen haben keine Vorbilder in der Natur. Sie sind eine wahre Neuschöpfung des Menschen. Man unterscheidet heute Ziffernrechner (vgl. Besprechung von Band 1 dieser Sammlung in ‚Archimedes' 1961, Heft 1/2, S. 31) und Analogierechner. Das vorliegende Buch behandelt die letzteren und geht deshalb vom allgemeinen Ähnlichkeitsprinzip physikalischer Analogien und ihrer Modelle aus. Lehrbuchartig werden die einschlägigen Begriffe entwickelt und detaillierte Beispiele an Schematen entwickelt. Besonders eingehend ist die Behandlung der elektrischen Analogieanlagen und der Lösung von Differentialgleichungen mittels Maschinen. Das Werk ist nicht bloß sachlich eine umfassende Darstellung (16 Seiten Literaturverzeichnis!), es versteht auch das schwierige und neuartige Thema didaktisch-systematisch darzustellen. Der Verfasser gibt zum Schluß einen aus großer Überlegenheit gehaltenen Ausblick auf die Zukunftsaufgaben und lehnt (mit Recht!) die Bezeichnung ‚Elektronengehirn' ab." *Archimedes*, Erlangen

*Bestellungen durch eine Buchhandlung erbeten*

THEORIA CUM PRAXI

A K A D E M I E - V E R L A G · B E R L I N